Ce livre appartient à

_____

Droits d'auteur © 2021 Emily J. Muggleton

Tous les droits sont réservés. Aucune partie de cette publication ne peut être reproduite, distribuée ou transmise sous quelque forme ou par quelque moyen que ce soit, y compris la photocopie, l'enregistrement ou d'autres méthodes électroniques ou mécaniques, sans l'autorisation écrite préalable de l'éditeur, sauf dans le cas de brèves citations incorporées dans les avis et certaines autres utilisations non commerciales autorisées par la loi sur les droits d'auteur.

Première impression, 2021
ISBN:978-1-7364118-2-7

Instagram: @emilymuggleton

Combinaison Spatiale SK1

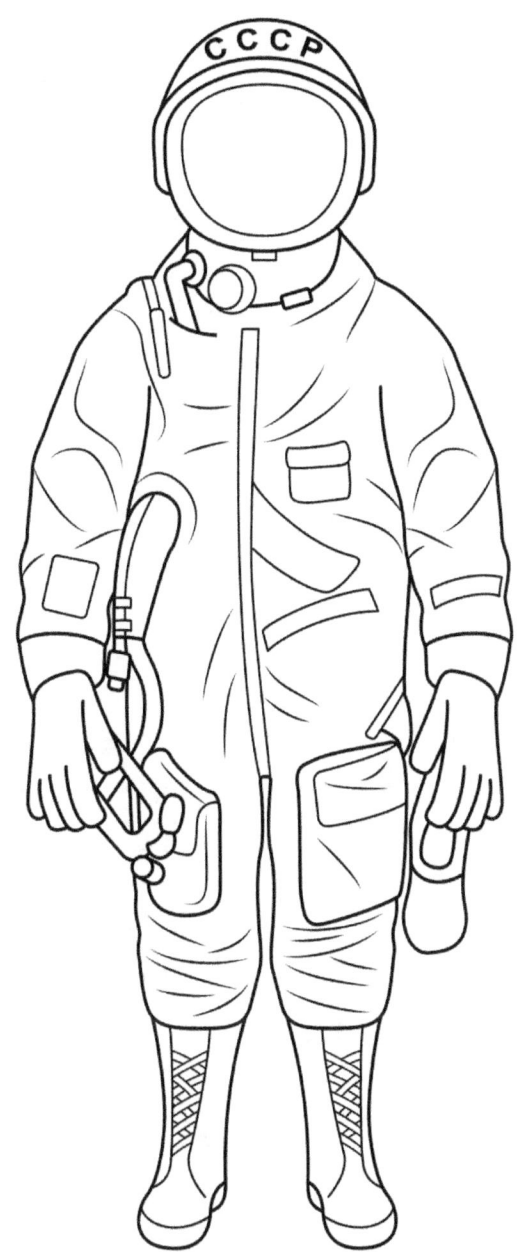

Origine: Russie

Date: 1961-1963

Missions: Vostok 1 - Vostok 6

Fonction: Activité intra-véhiculaire (AIV) et éjection

Réalité: Première combinaison spatiale utilisée

Combinaison Spatiale SK1

Combinaison Spatiale Mercure

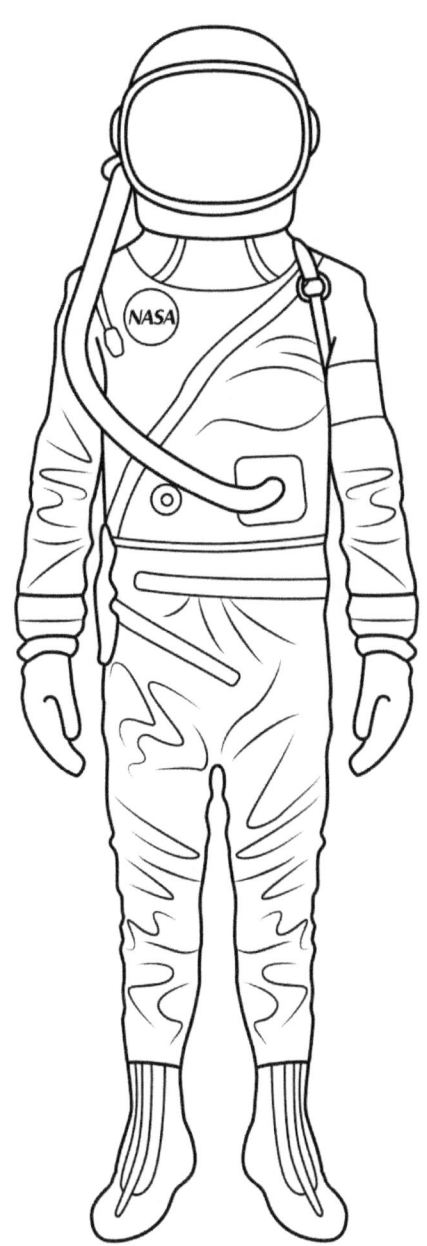

Origine: USA

Date: 1961-1963

Missions: MR-3 - MA-9

Fonction: Activité intra-véhiculaire (AIV)

Fait: Utilisée pour le premier programme de "l'homme dans

Combinaison Spatiale Mercure

Combinaison Spatiale Berkut

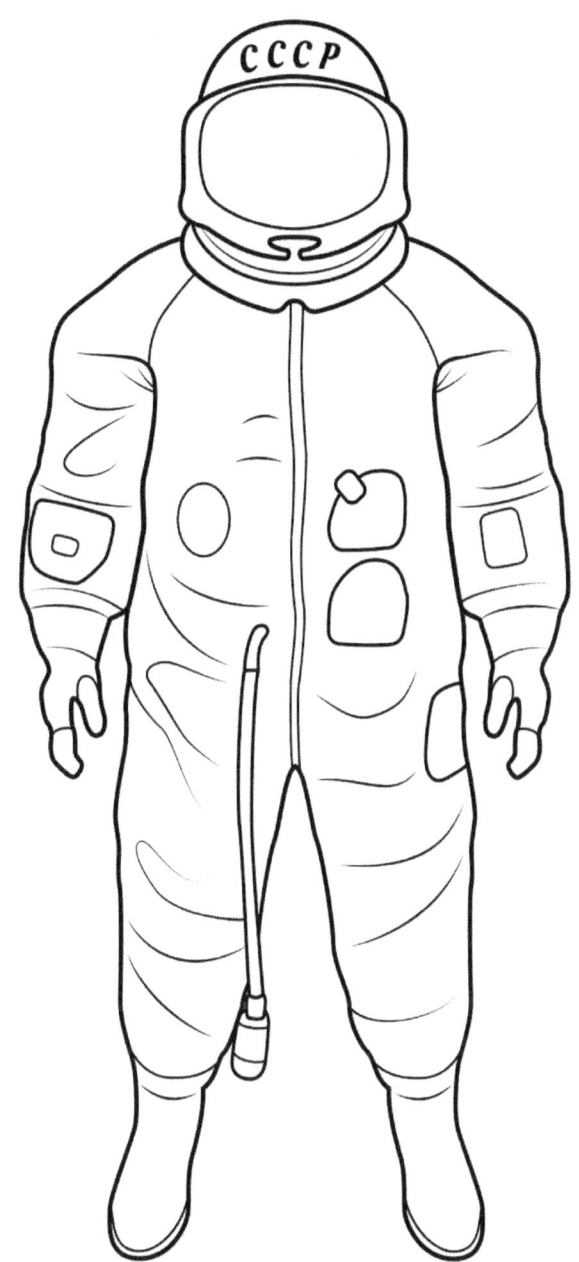

Origine: Russie

Date: 1963-1965

Missions: Voskhod 2

Fonction: Activité intra-véhiculaire (AIV) et activité extra-véhiculaire orbitale

Fait: Portée par le cosmonaute soviétique Alexi Leonau pour la toute première marche dans l'espace

Combinaison Spatiale Berkut

Combinaison Spatiale Gemini G3C

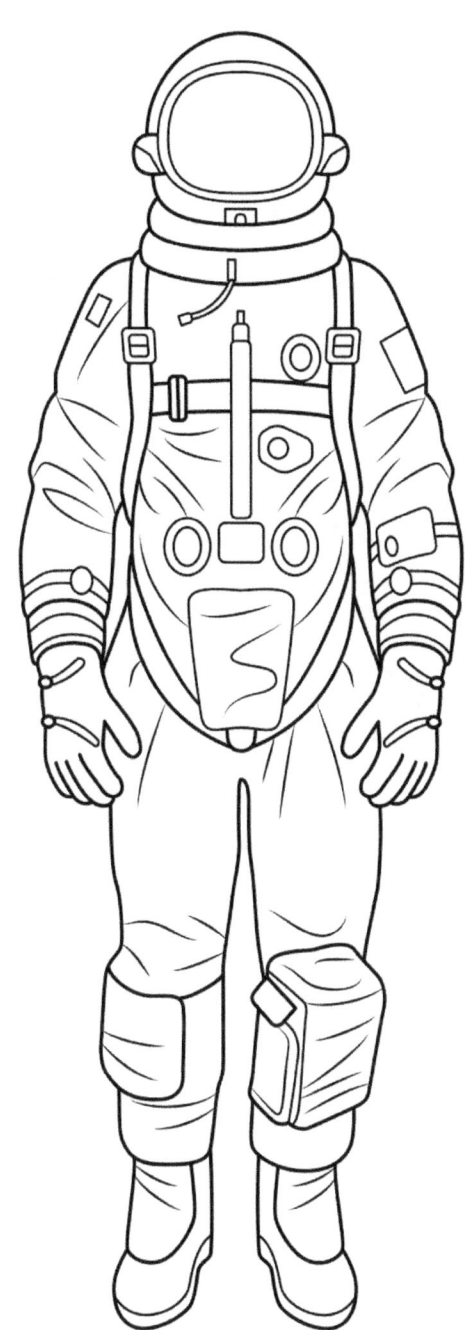

Origine: USA

Date: 1965-1966

Missions: Gemini 3, 6 et 8

Fonction: Activité intra-véhiculaire (AIV)

Fait: Le système de combinaison comprenait des systèmes de parachute et de flottaison pour améliorer la survie de l'équipage

Combinaison Spatiale Gemini G3C

Combinaison Spatiale Gemini G4C

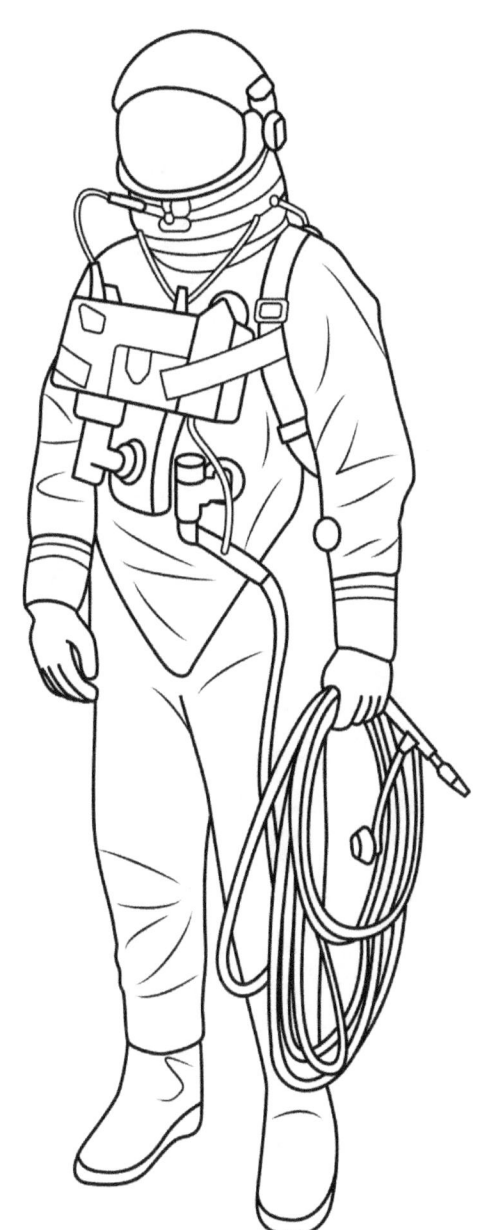

Origine: USA

Date: 1965-1966

Missions: Gemini 4-6, 8-12

Fonction: Activité intra-véhiculaire (AIV) et extra-véhiculaire (EVA)

Fait: Portée par l'astronaute américain Ed White pour la première marche spatiale américaine

Combinaison Spatiale Gemini G4C

Combinaison Spatiale Krechet-94

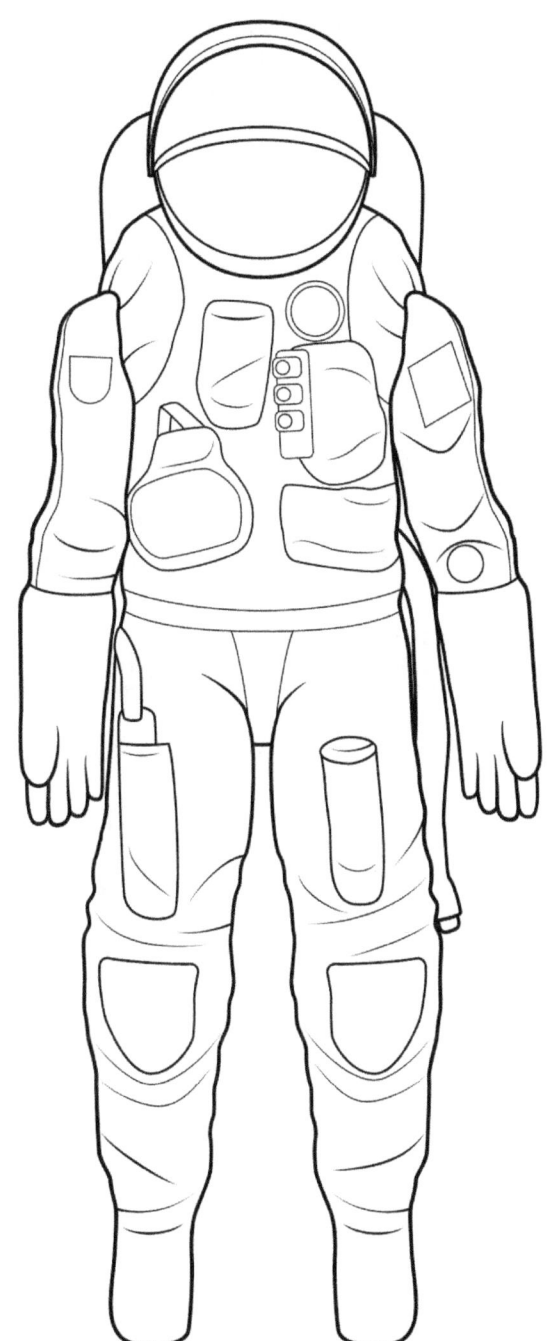

Origine: Russie

Date: 1967

Missions: Jamais utilisées

Fonction: Activité extra-véhiculaire lunaire (AEV)

Fait: Développée pour une excursion lunaire pendant le programme lunaire habité soviétique

Combinaison Spatiale Krechet-94

Combinaison Spatiale Apollo 11 A7L EMU

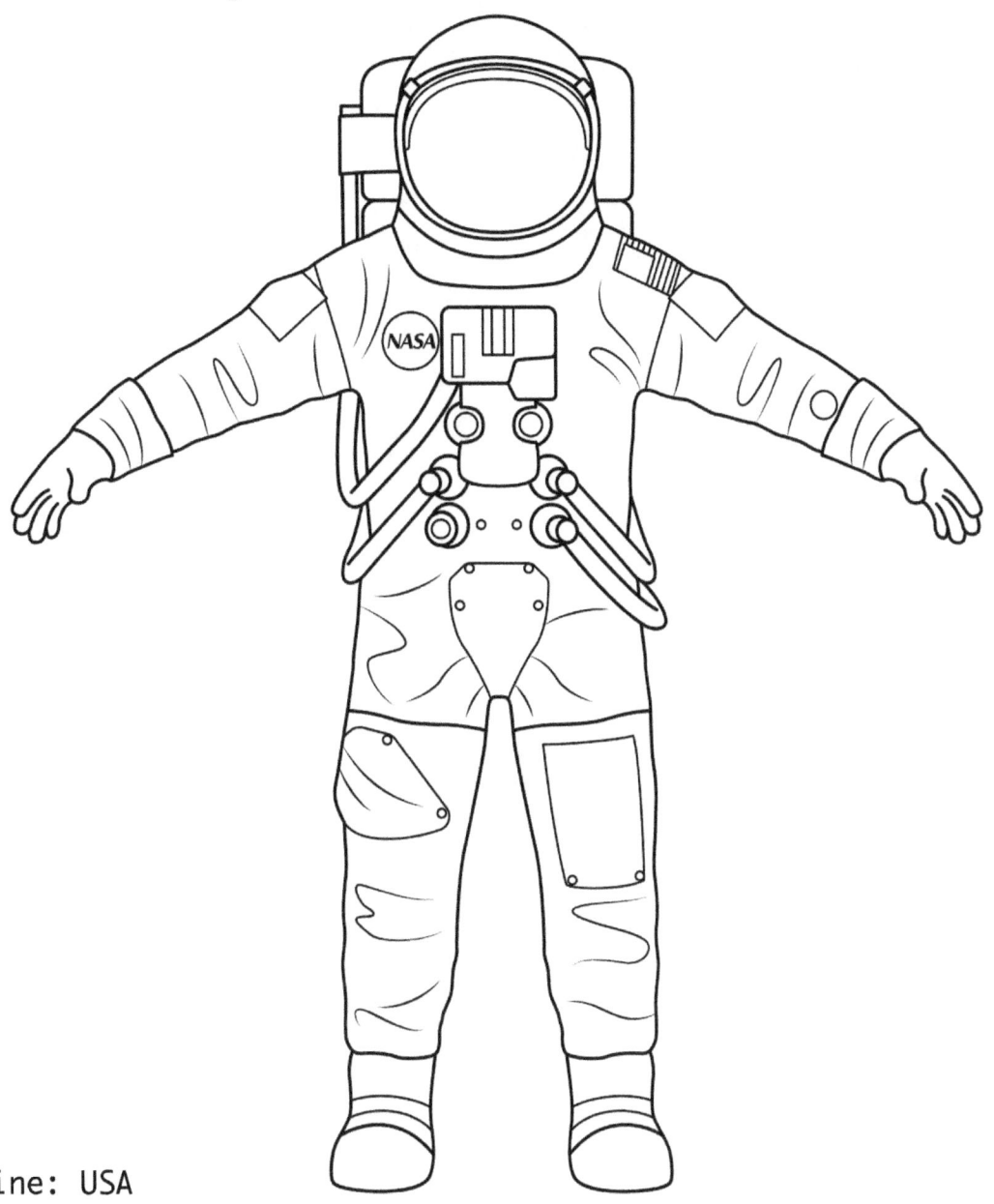

Origine: USA

Date: 1961-1972

Missions: Apollo 7-14

Fonction: Activité extra-véhiculaire lunaire (AEV)

Fait: Portée lors de l'atterrissage lunaire d'Apollo 11 par les astronautes Neil Armstrong et Buzz Aldrin

Combinaison Spatiale
Apollo 11 A7L EMU

Combinaison Spatiale Apollo 11 A7L EMU

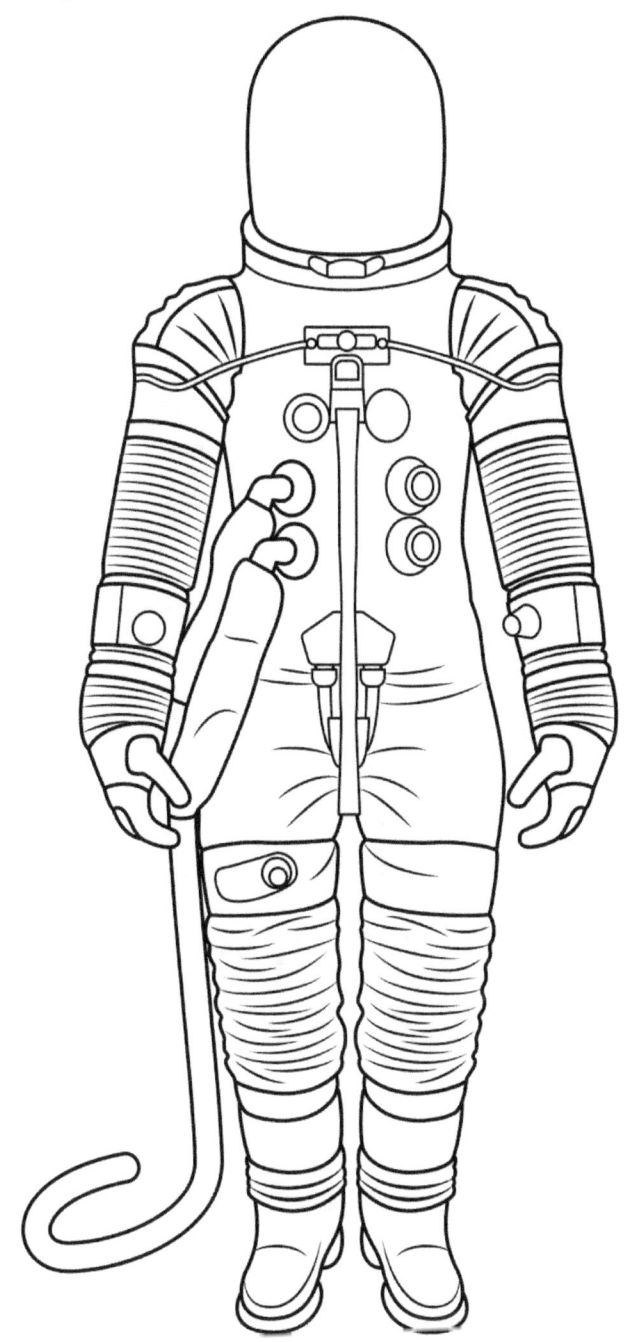

Combinaison spatiale Apollo 11 A7L EMU avec la couche extérieure et la visière retirées

Combinaison Spatiale
Apollo 11 A7L EMU

Combinaison Spatiale Sokol

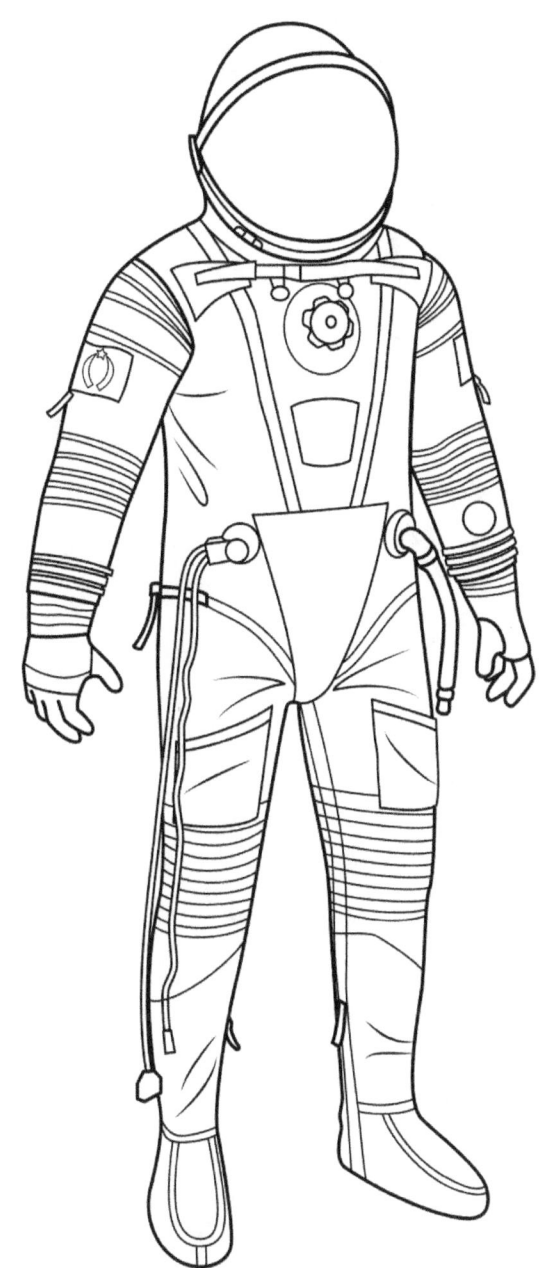

Origine: Russie

Date: 1973 - Présent

Missions: Soyouz 12 - Présent

Fonction: Activité intra-véhiculaire (AIV)

Fait: Portée par l'équipage du vaisseau spatial Soyouz lors du lancement et de la rentrée

Combinaison Spatiale Sokol

Combinaison Spatiale Orlan

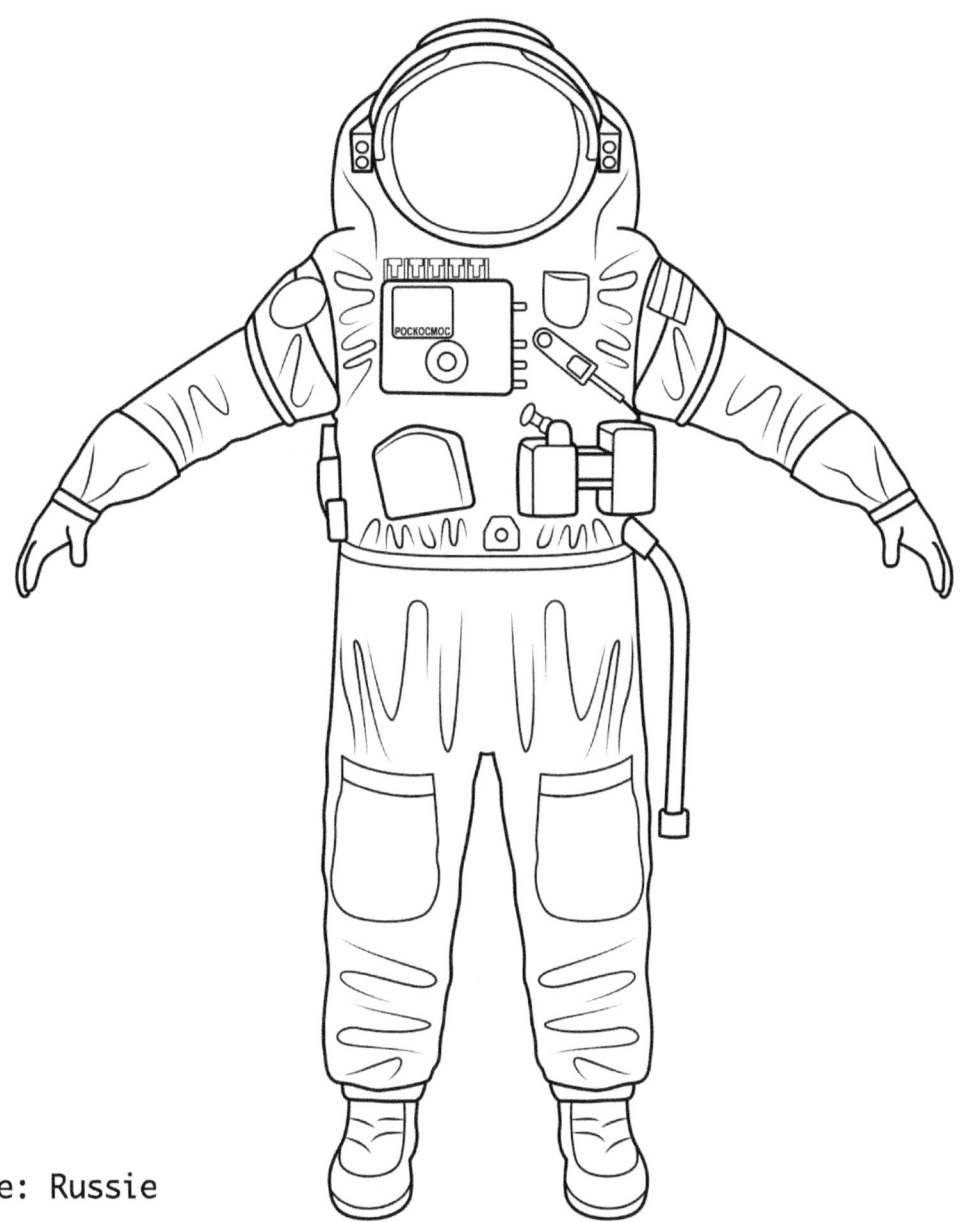

Origine: Russie

Date: 1977 - Présent

Missions: Soyouz 26 - Présent

Fonction: Activité extravéhiculaire (AEV)

Fait: Sept modèles de la combinaison Orlan ont été créés, le dernier modèle Orlan-MKS est utilisé sur la Station spatiale internationale aujourd'hui

Combinaison Spatiale Orlan

Combinaison Spatiale d'évasion d'éjection de navette

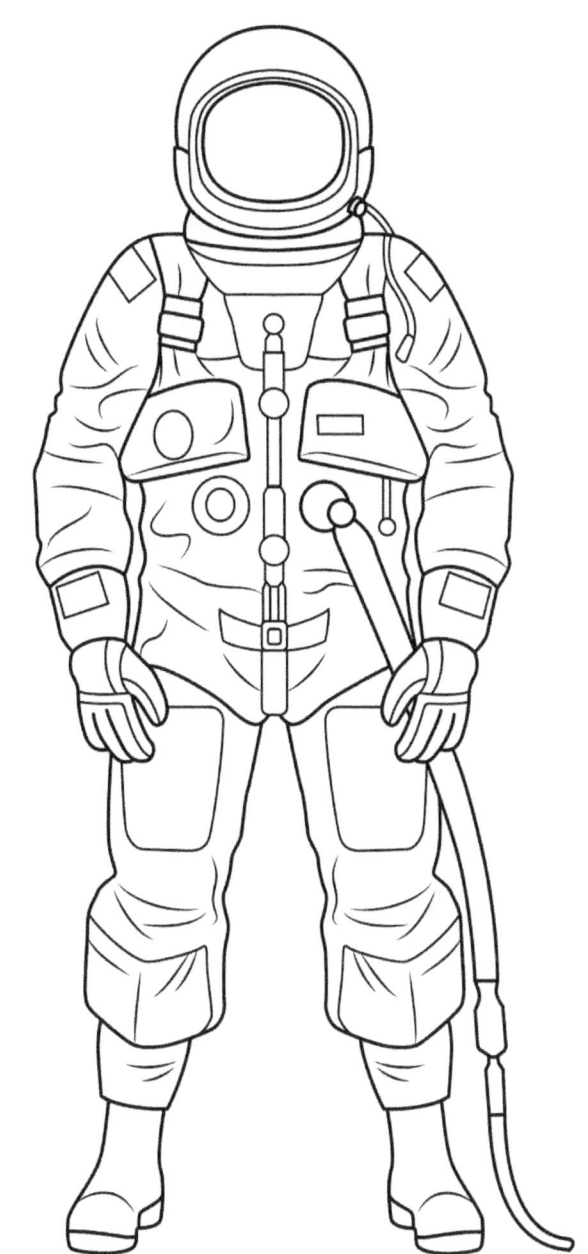

Origine: USA

Date: 1981-1984

Missions: STS-1 - STS-4

Fonction: Activité intra-véhicule (AIV) et éjection

Fait: Version modifiée d'une combinaison haute pression de la force aérienne américaine

Combinaison Spatiale d'évasion
d'éjection de navette

Combinaison Spatiale de l'unité de mobilité extravéhiculaire (UME)

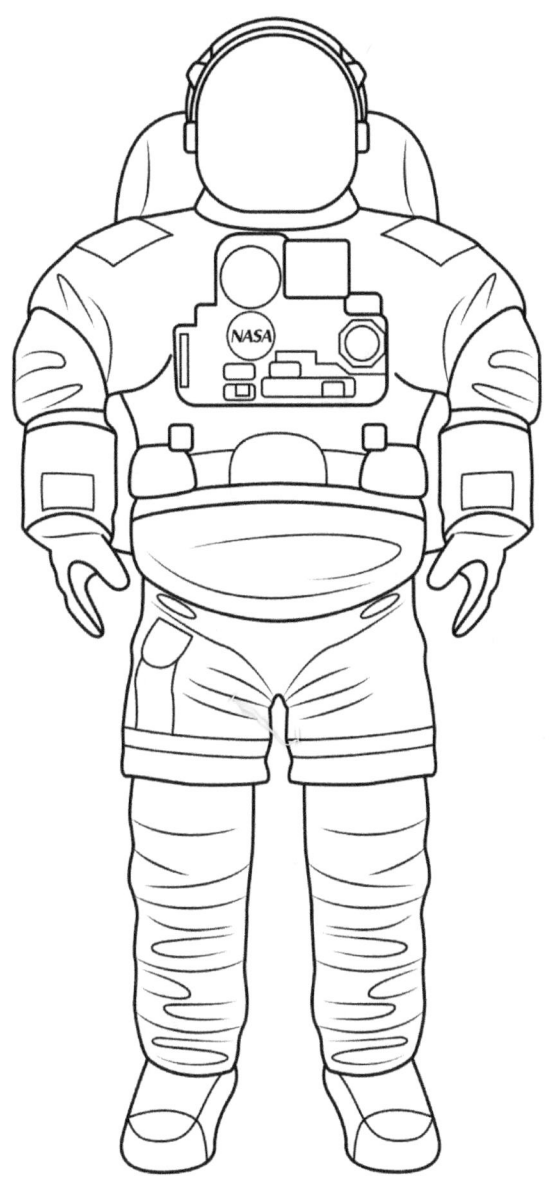

Origine: USA

Date: 1981 - Présent

Missions: STS-6 - Présent

Fonction: Activité extra-véhiculaire (EVA)

Fait: Fournit la protection de l'environnement, la mobilité, le maintien de la vie et les communications pour les astronautes lorsqu'ils sont à l'extérieur du vaisseau spatial

Combinaison Spatiale de l'unité de mobilité extravéhiculaire (UME)

Combinaison Avancée D'évasion D'équipage (CAEE)

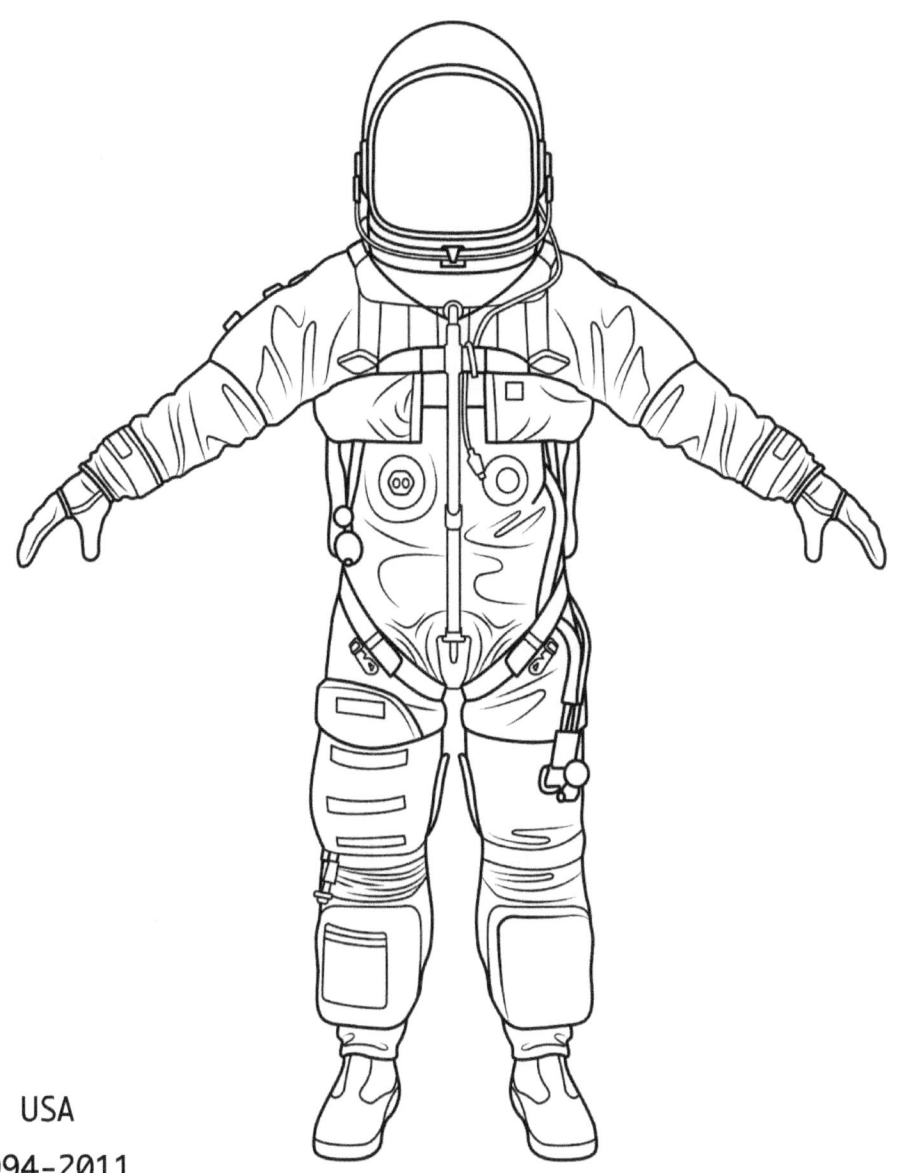

Origine: USA

Date: 1994-2011

Missions: STS-64 - STS-135

Fonction: Activité intra-véhiculaire (AIV)

Fait: Connue sous le nom de «combinaison de citrouille» en raison de sa couleur orange vif permettant aux astronautes d'être repérés s'ils atterrissent dans l'océan

Combinaison Avancée D'évasion D'équipage (CAEE)

Combinaison Spatiale Feitian

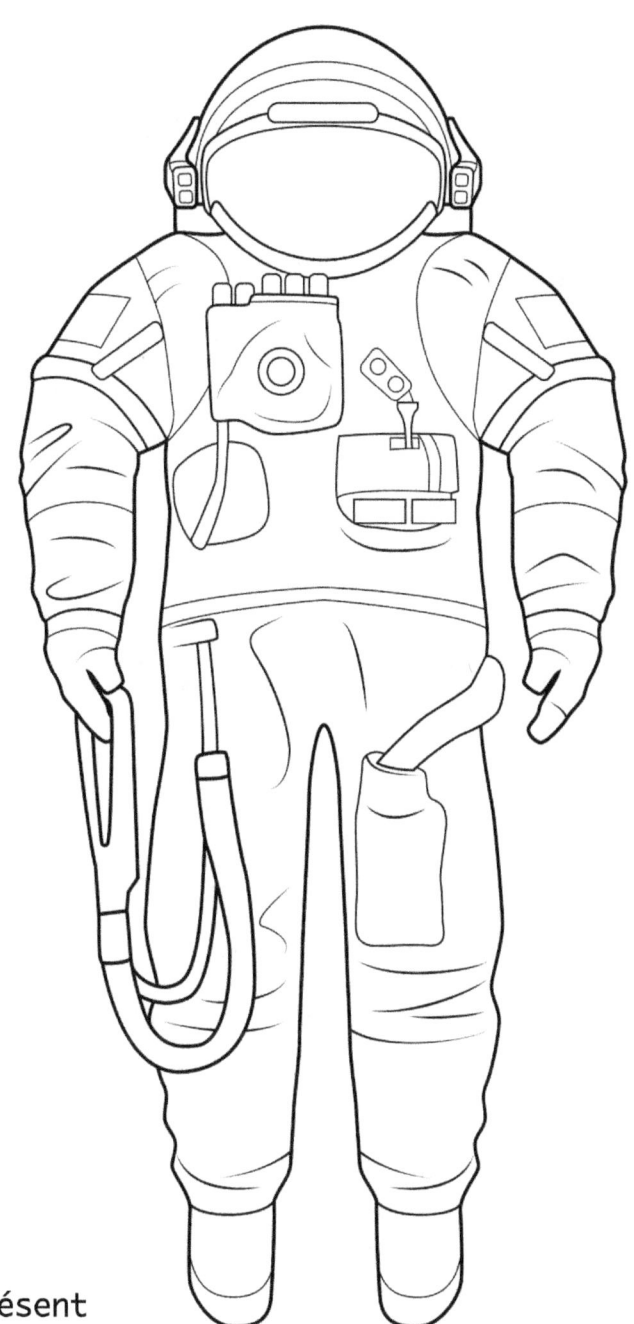

Origine: Chine

Date: 2008 - Présent

Missions: Shenzhou 7

Fonction: Activité extra-véhiculaire (AEV)

Fait: Inspirée de la combinaison spatiale russe Orlan et portée en 2008 lors de la toute première sortie dans l'espace en Chine

Combinaison Spatiale Feitian

Combinaison Spatiale SpaceX

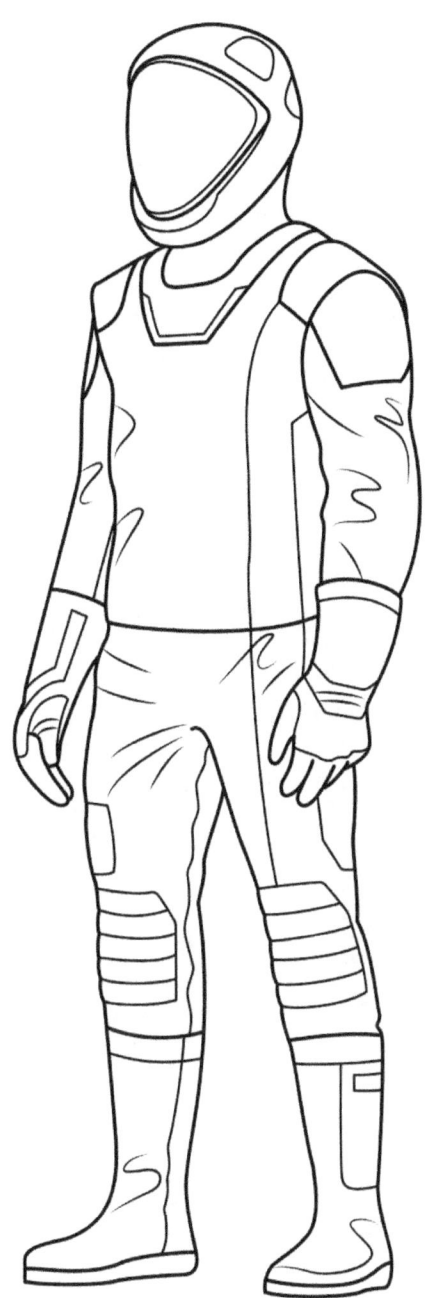

Origine: USA

Date: 2020 - Présent

Missions: Crew Dragon Demo-2 - Présent

Fonction: Activité intra-véhiculaire (AIV)

Fait: Combinaison portée par les astronautes dans le cadre du programme "SpaceX Commercial Crew"

Combinaison Spatiale SpaceX

Combinaison Spatiale Boeing Starliner

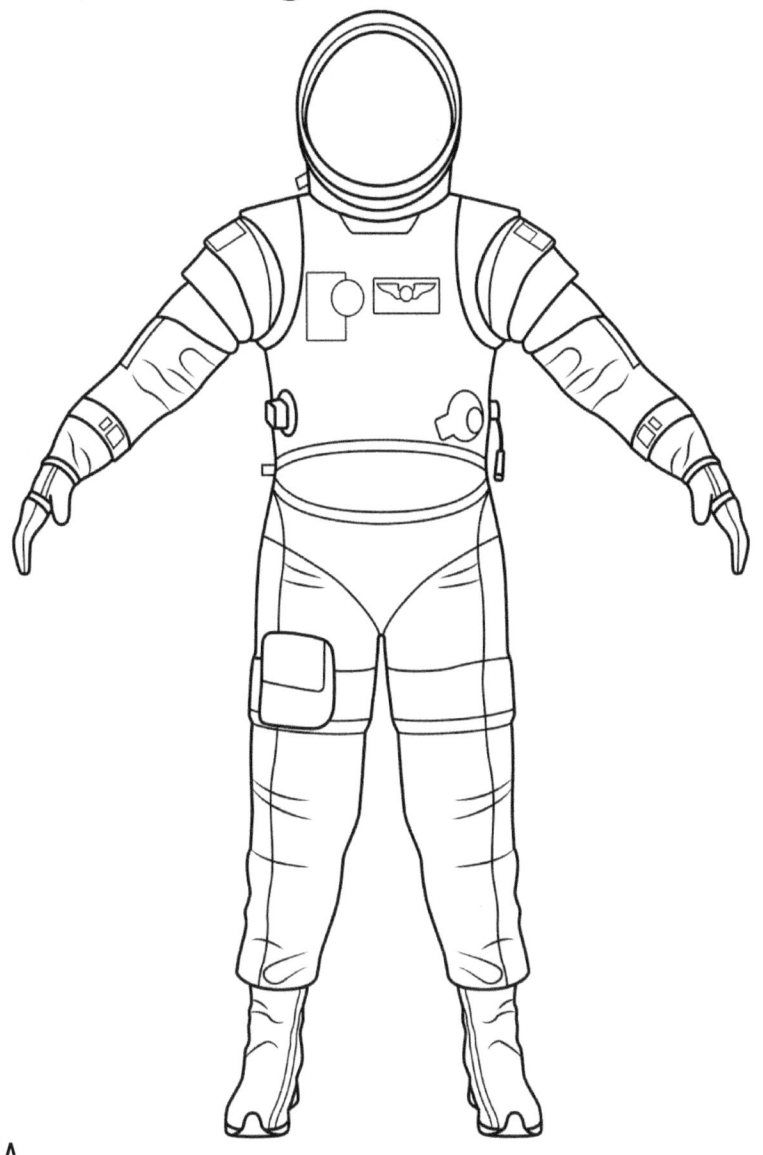

Origine: USA

Date: Proposé 2021

Missions: Équipage commercial du CST-100 Starliner

Fonction: Activité intra-véhiculaire (AIV)

Fait: Comprend un casque à fermeture à glissière souple contribuant à ce que le poids de la combinaison soit environ 40% plus léger que les combinaisons IVA précédentes

Combinaison Spatiale
Boeing Starliner

Combinaison Spatiale du Système de Survie de L'équipage Orion

Origine: USA

Date: Proposé 2024

Missions: Missions lunaires d'Artemis

Fonction: Activité intra-véhiculaire (AIV)

Réalité: Conçue pour permettre la survie jusqu'à six jours, grâce à la capacité de rester sous pression pendant environ une semaine

Combinaison Spatiale du Système de Survie de L'équipage Orion

Combinaison Spatiale xEMU

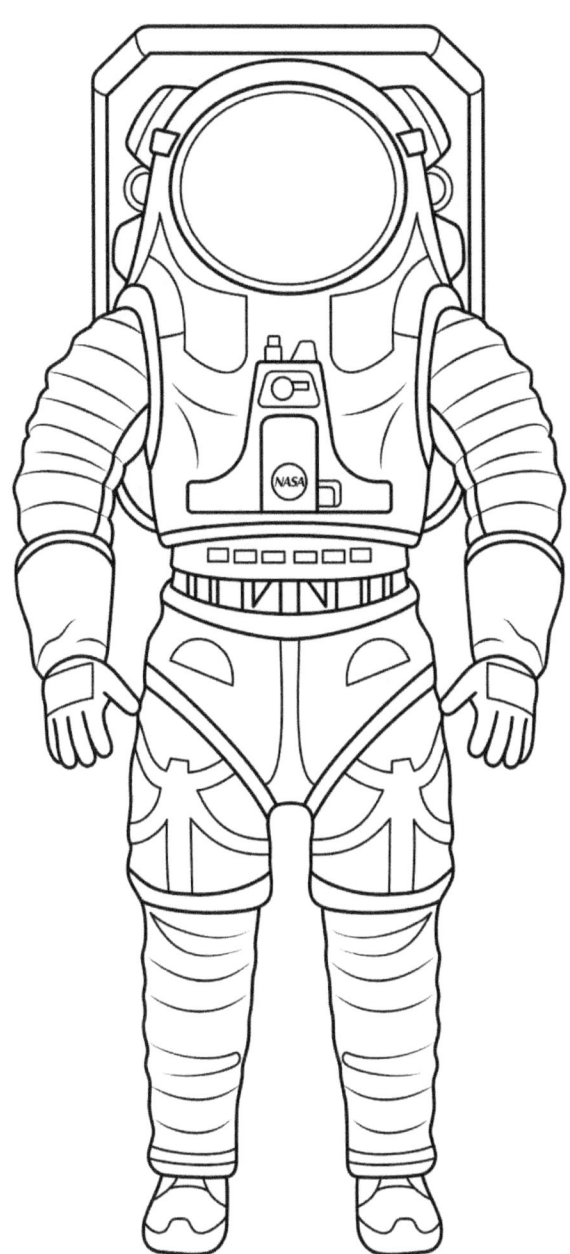

Origine: USA

Date: Proposé 2024

Missions: Missions Lunaires d'Artemis

Fonction: Activité extravéhiculaire lunaire (AEV)

Fait: costume proposé pour les premières femmes à porter sur la surface lunaire pendant les missions lunaires Artemis

Combinaison Spatiale xEMU

Mes Conceptions de Combinaison Spatiale

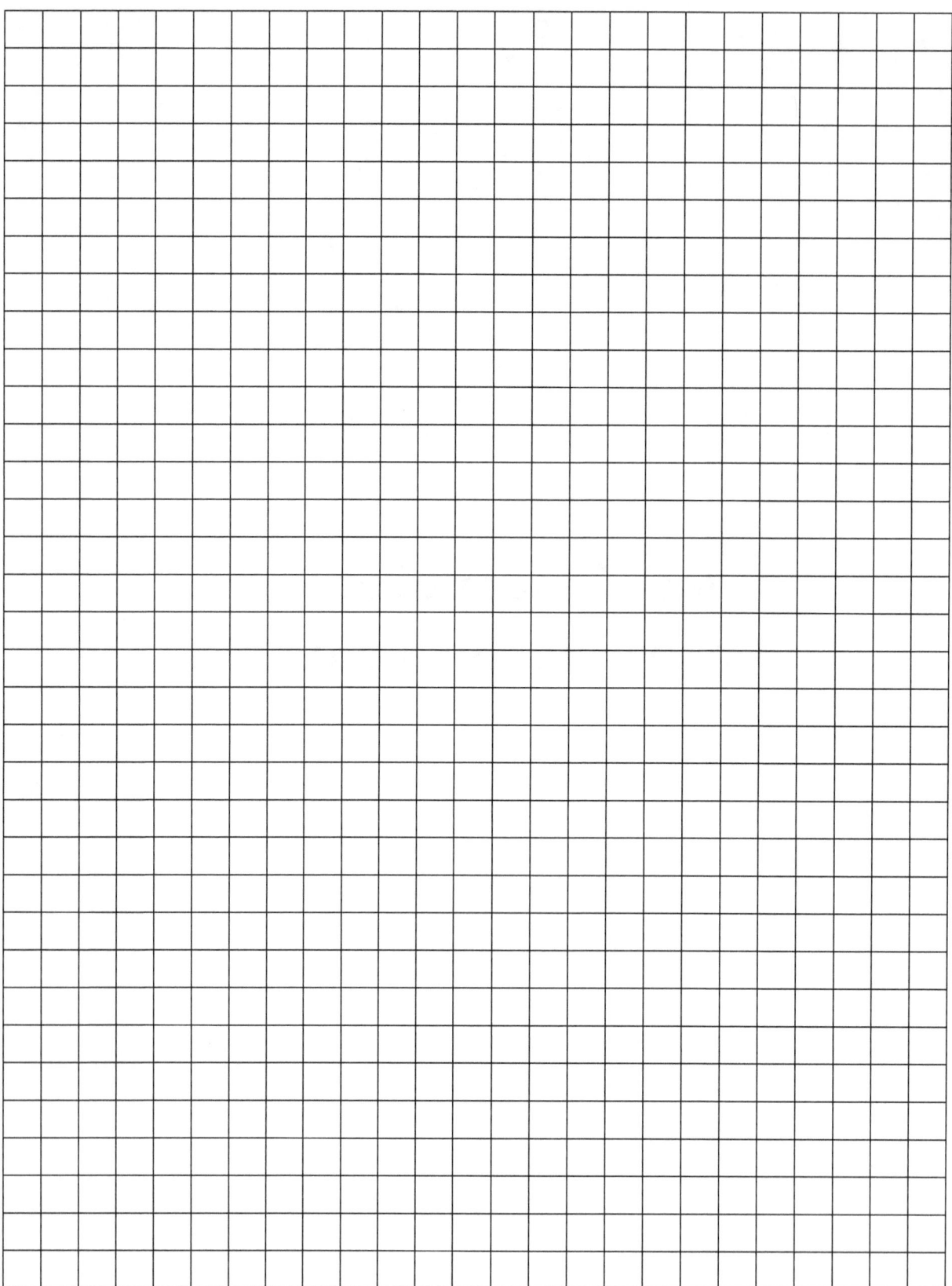

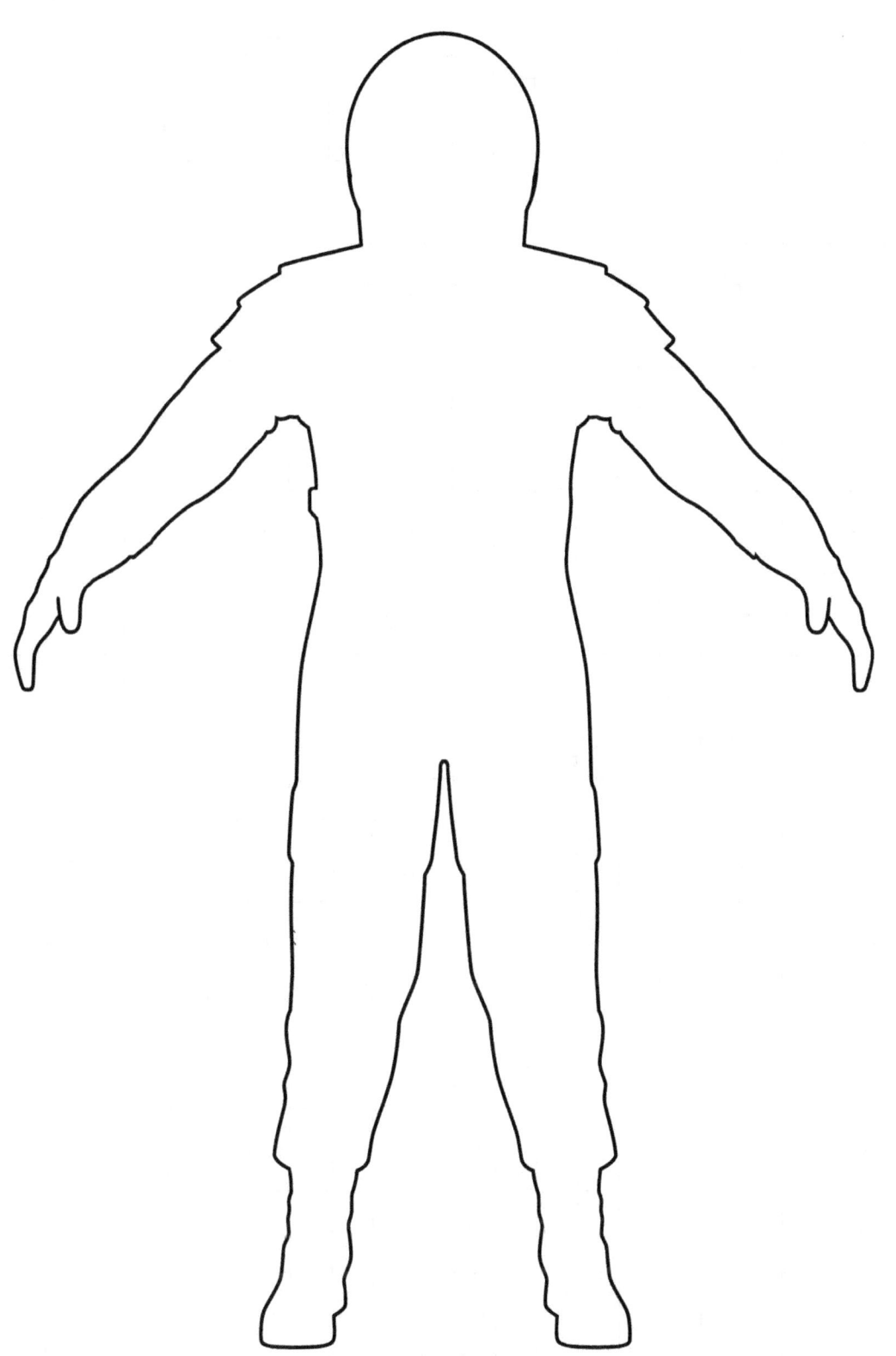

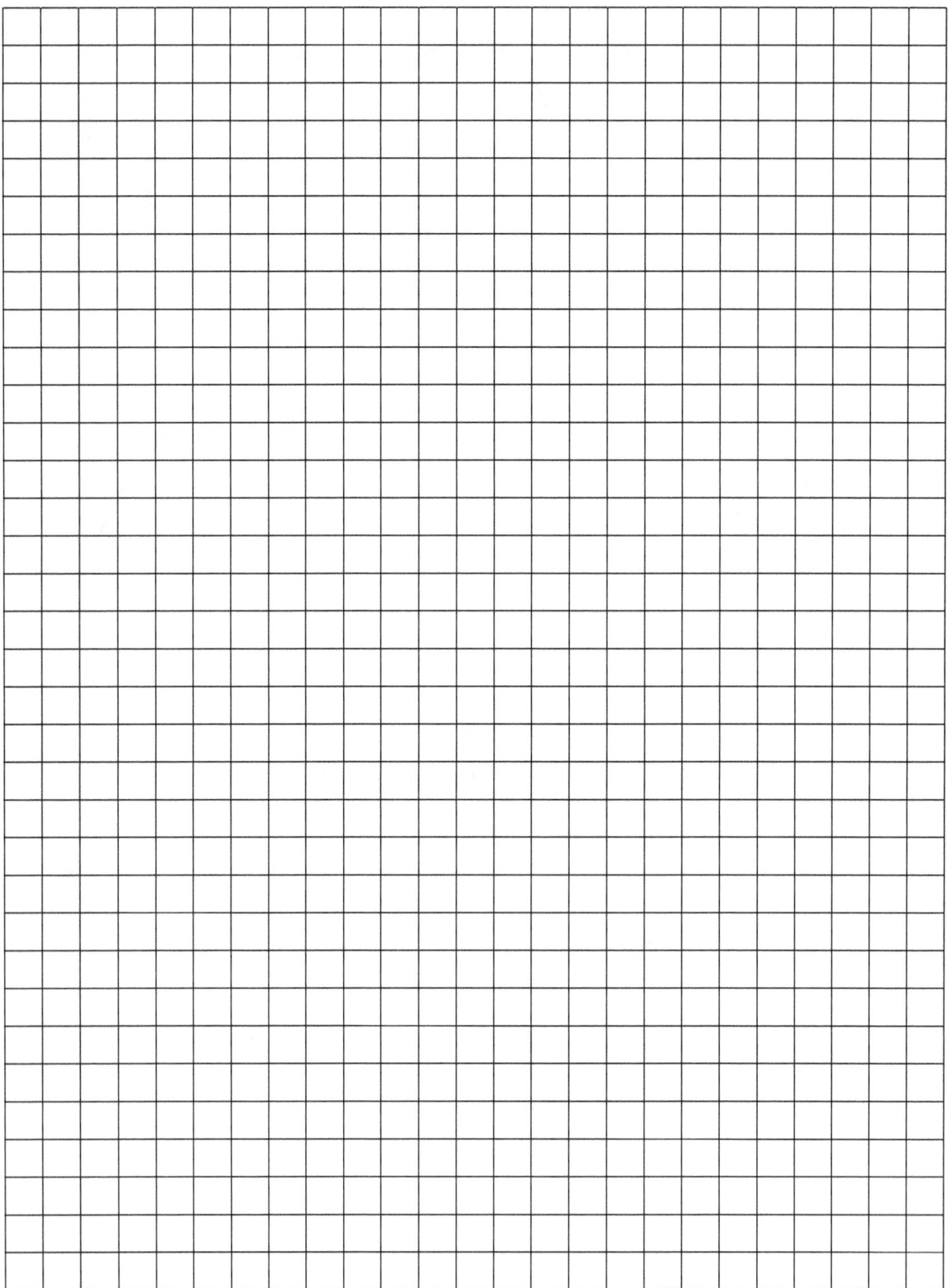

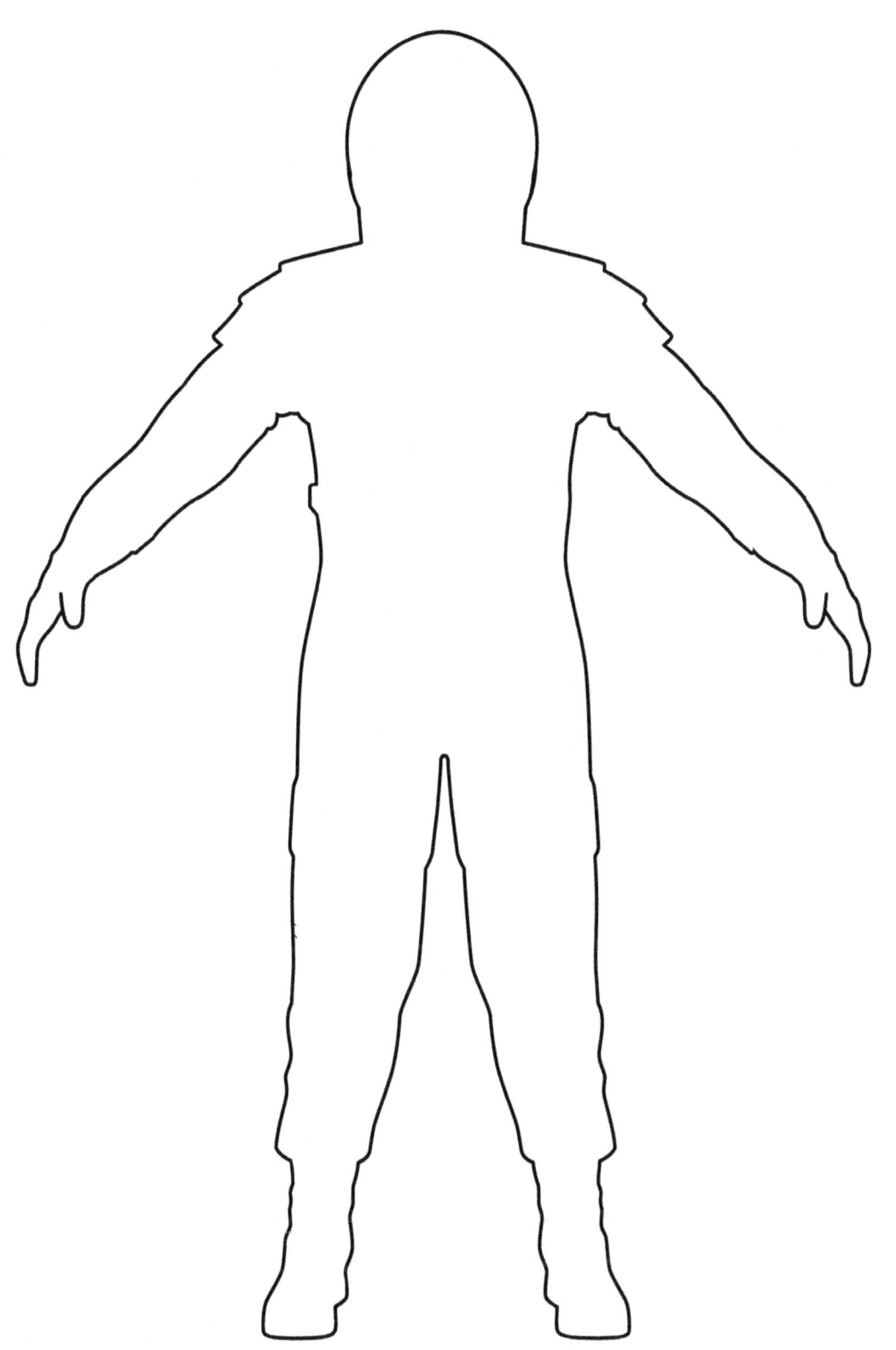

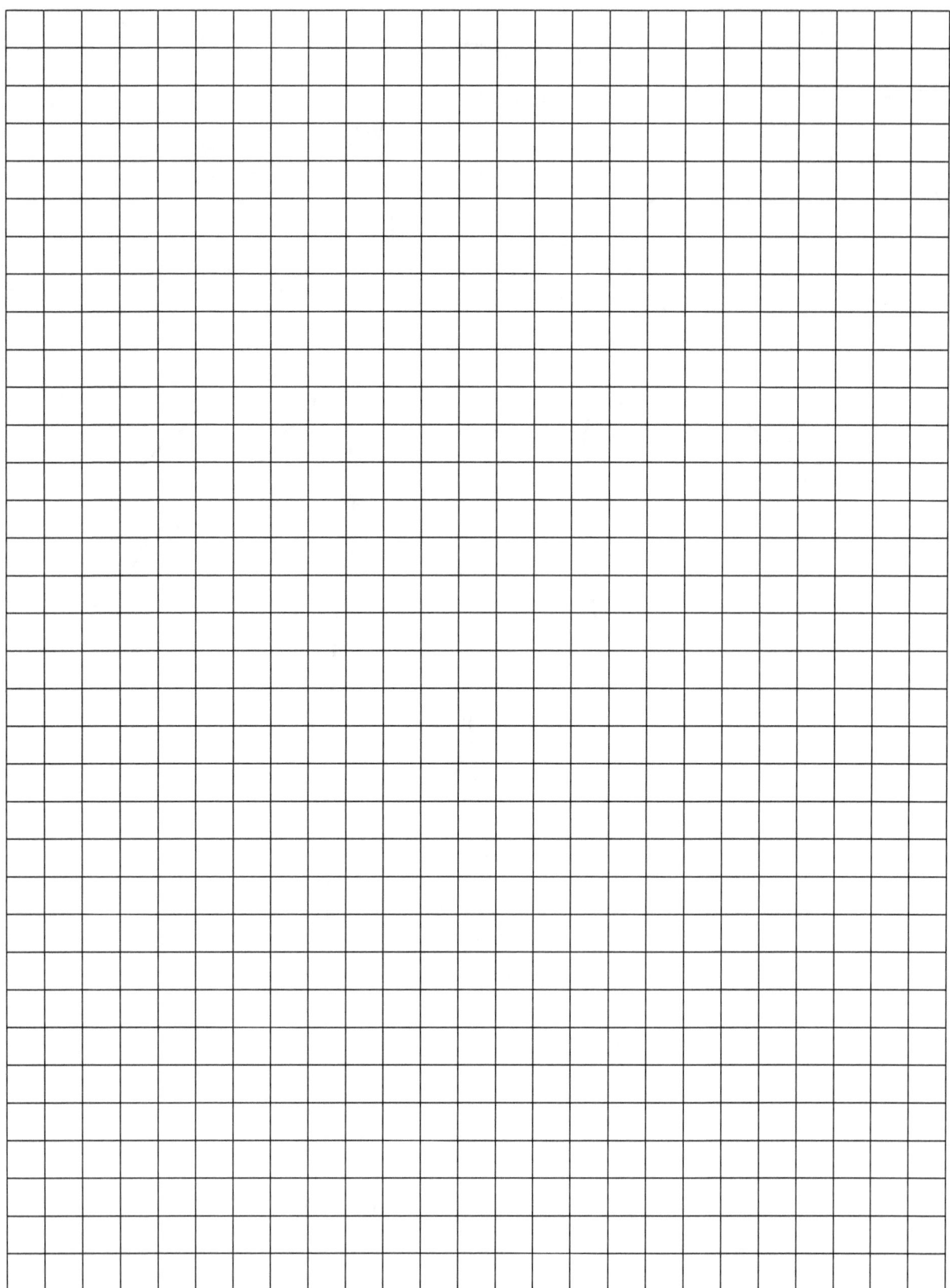

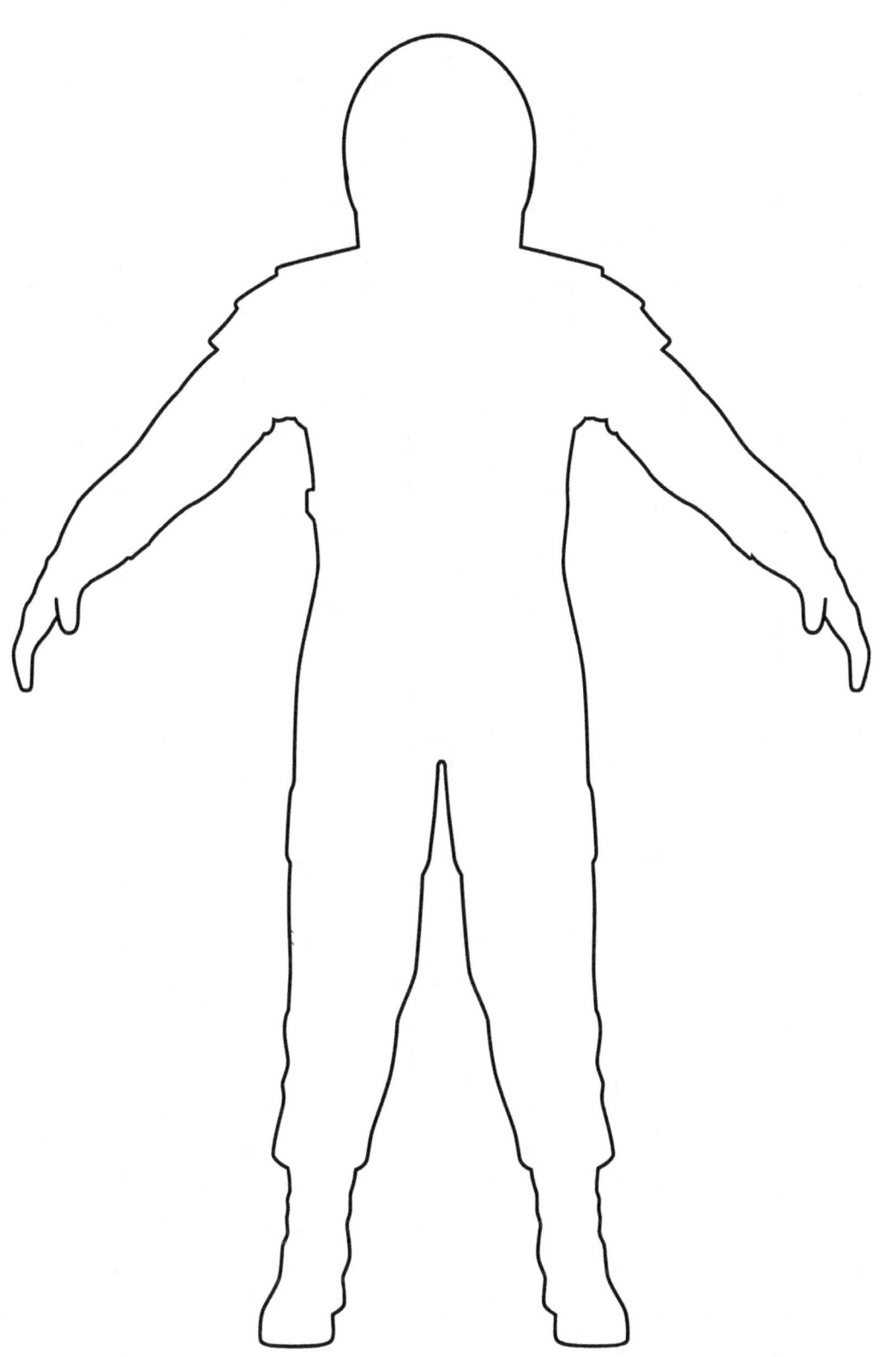

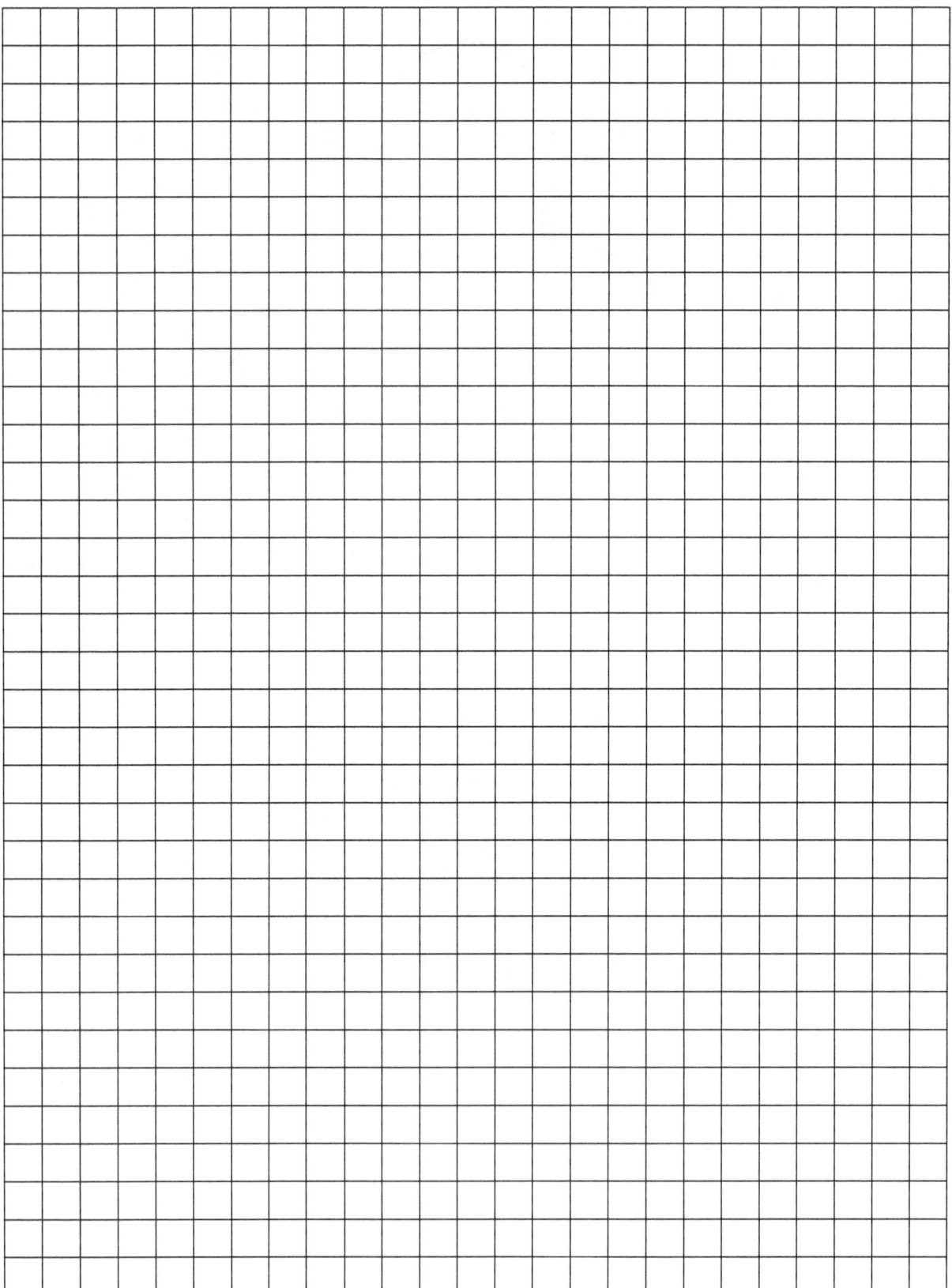

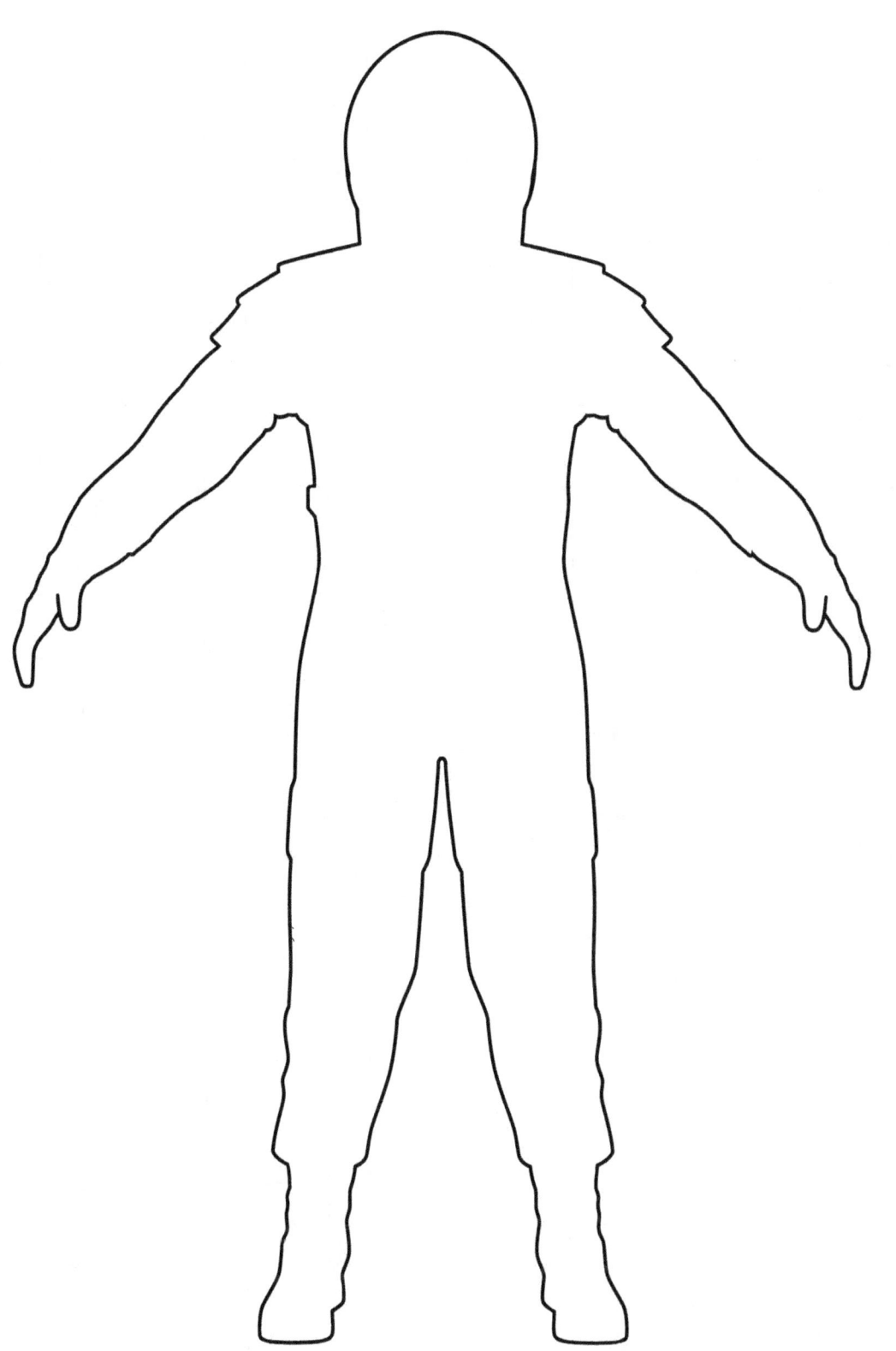

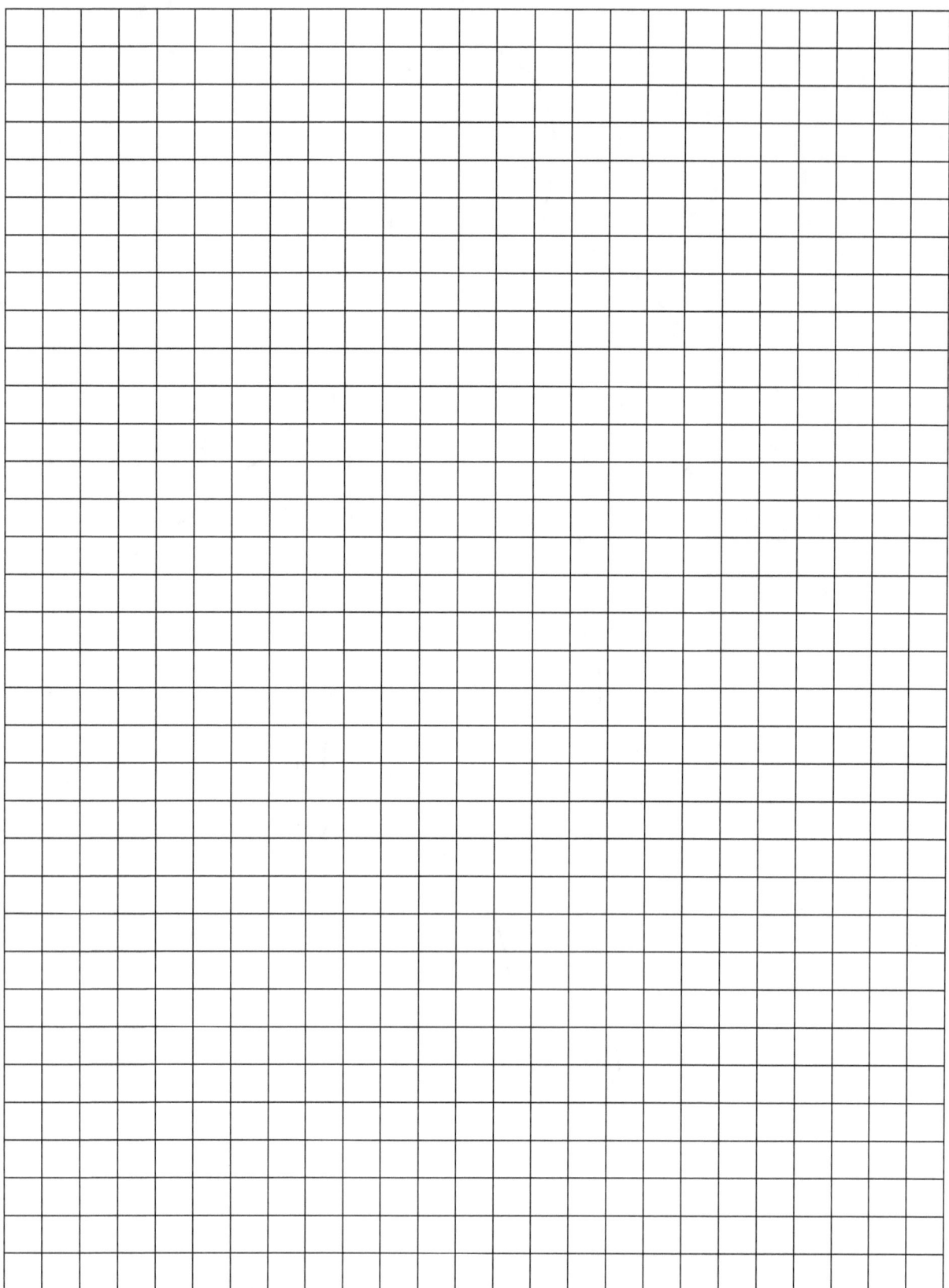

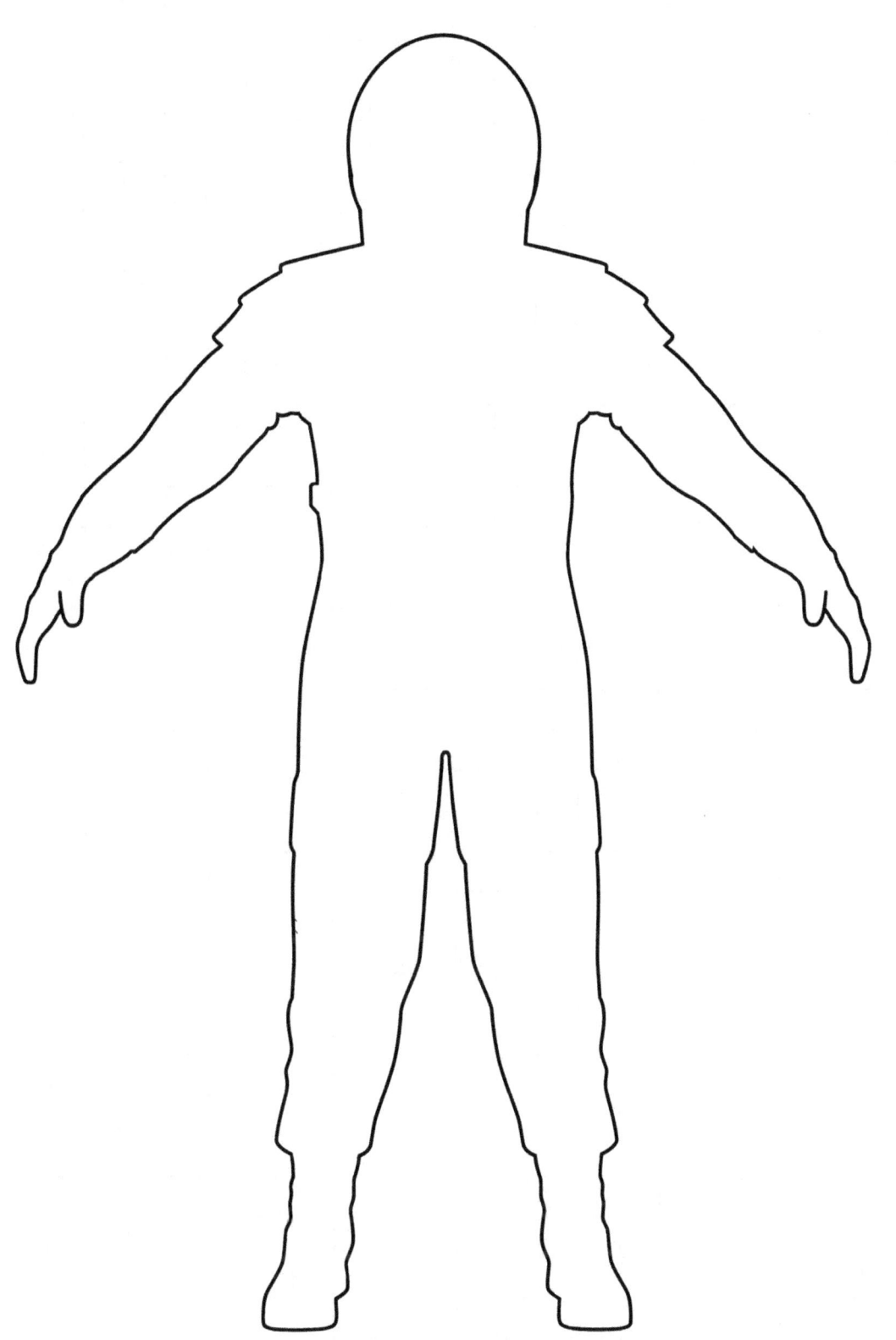

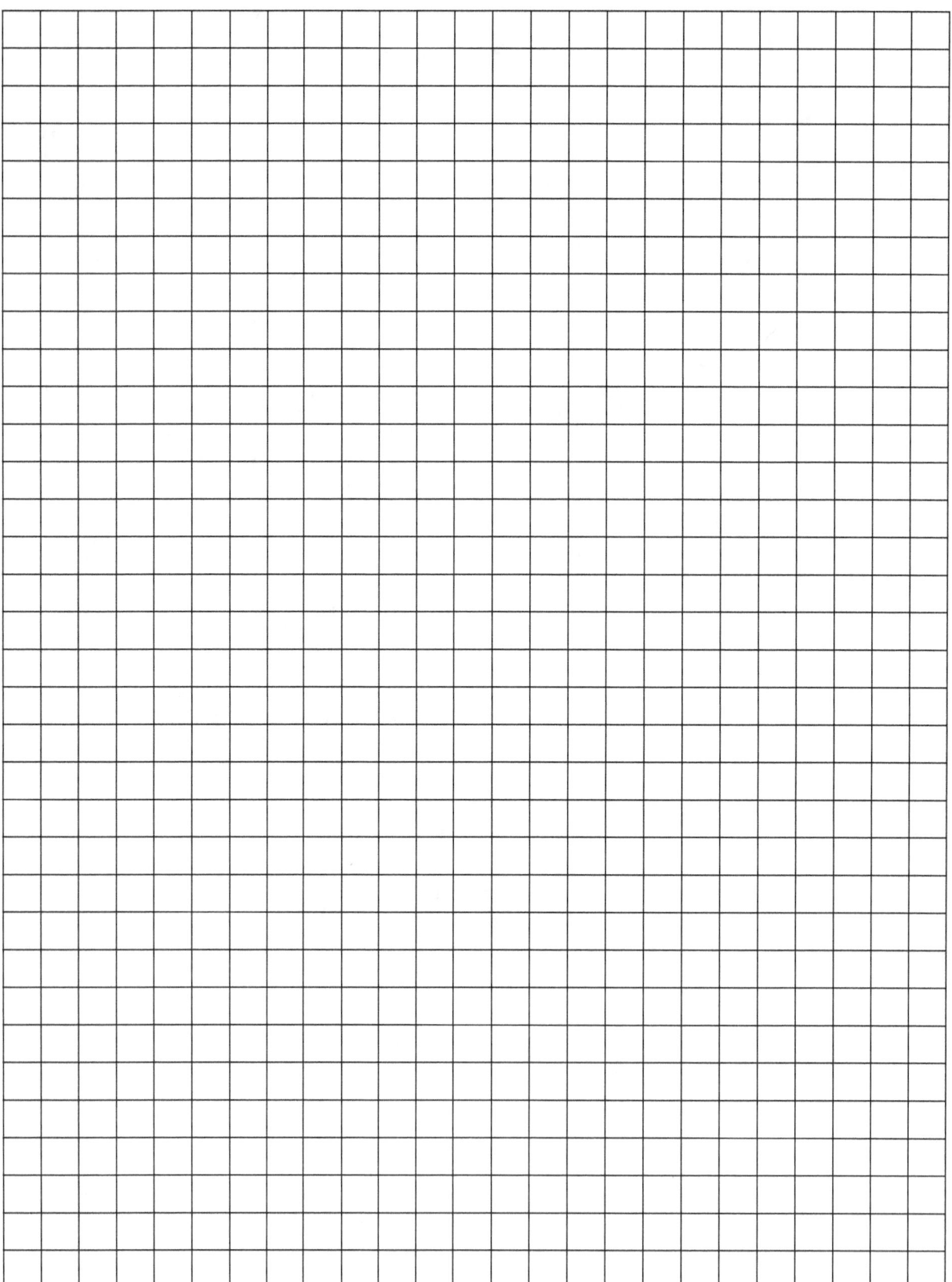

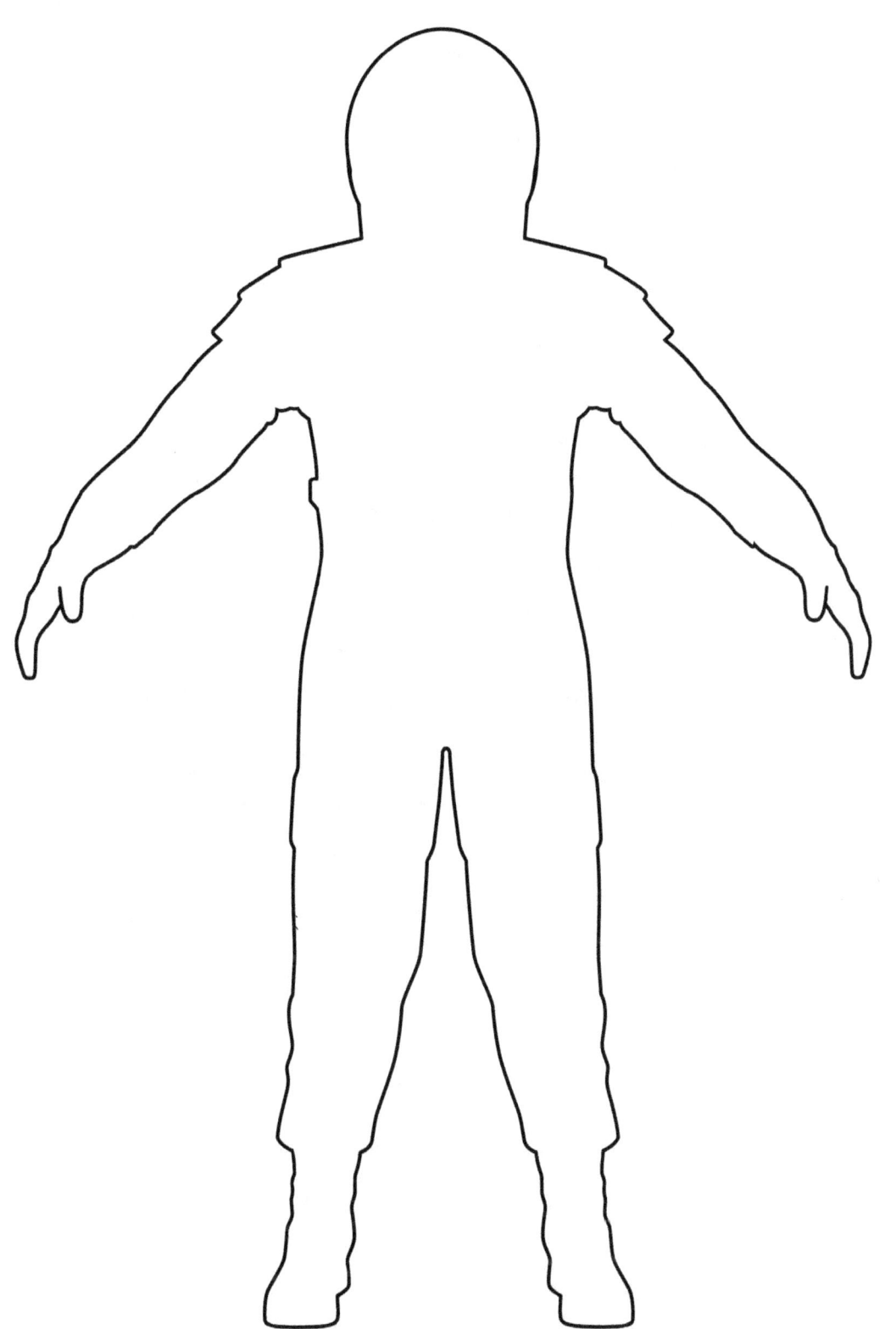

Références

1. *Thomas, Kenneth S.; McMann, Harold J. (November 23, 2011). U.S. Spacesuits. Springer Science & Business Media.*

2. *Isaac Abramov & Ingemar Skoog (2003). Russian Spacesuits. Chichester, UK: Praxis Publishing Ltd. ISBN 1-85233-732-X.*

3. *Chen, Lou (September 27, 2008). "Taikonaut Zhai's small step historical leap for China". Xinhua. Archived from the original on October 1, 2008. Retrieved October 1, 2008.*

4. *Boeing.com*

5. *SpaceX.com*

6. *NASA.gov*